BEI GRIN MACHT SICH IHR WISSEN BEZAHLT

- Wir veröffentlichen Ihre Hausarbeit,
  Bachelor- und Masterarbeit

- Ihr eigenes eBook und Buch -
  weltweit in allen wichtigen Shops

- Verdienen Sie an jedem Verkauf

Jetzt bei www.GRIN.com hochladen
und kostenlos publizieren

Christian Momberger

Die wachsende Bedeutung des Online-Shopping und die Auswirkungen auf den stationären Einzelhandel

Aktuelle Trends und Entwicklungen

GRIN Verlag

Bibliografische Information der Deutschen Nationalbibliothek:

Die Deutsche Bibliothek verzeichnet diese Publikation in der Deutschen National-
bibliografie; detaillierte bibliografische Daten sind im Internet über http://dnb.d-
nb.de/ abrufbar.

Impressum:

Copyright © 2002 GRIN Verlag GmbH
Druck und Bindung: Books on Demand GmbH, Norderstedt Germany
ISBN: 978-3-640-14333-7

Dieses Buch bei GRIN:

http://www.grin.com/de/e-book/113719/die-wachsende-bedeutung-des-online-
shopping-und-die-auswirkungen-auf-den

GRIN - Your knowledge has value

Der GRIN Verlag publiziert seit 1998 wissenschaftliche Arbeiten von Studenten,
Hochschullehrern und anderen Akademikern als eBook und gedrucktes Buch. Die
Verlagswebsite www.grin.com ist die ideale Plattform zur Veröffentlichung von
Hausarbeiten, Abschlussarbeiten, wissenschaftlichen Aufsätzen, Dissertationen
und Fachbüchern.

Besuchen Sie uns im Internet:

http://www.grin.com/

http://www.facebook.com/grincom

http://www.twitter.com/grin_com

Oberseminar zur Wirtschaftsgeographie
SoSe 2002

Die wachsende Bedeutung des Online-Shopping und die Auswirkungen auf den stationären Einzelhandel

- Aktuelle Trends und Entwicklungen -

Verfasser: Christian Momberger

Inhalt

Abkürzungsverzeichnis

b2b	business to business
b2c	business to consumer
EC	E-Commerce (Electronic Commerce)
EH	Einzelhandel
FOC	Factory-Outlet-Center
HDE	Hauptverband des Deutschen Einzelhandels e.V.
MCS	Multi-Channel Strategie
OLD	Online-Dienst
OS	Online-Shopping
PBS	Papier, Büro- und Schreibbedarf
PC	Personal Computer
TC	Telecomputer
US	United States (of America)
WWW	World Wide Web

Liste der Tabellen und Grafiken

1.   Einführung

Der Einzelhandel in der Bundesrepublik Deutschland leidet seit 1992 unter der schwachen Konjunktur und insgesamt geringen Reallohnverlusten (GIESE 1999, 45; GFK 2001d) und jetzt zusätzlich noch unter der Einführung des Euro. Laut einer Umsatzprognose des HDE wird der Einzelhandelsumsatz in 2002 nur um 0,5% wachsen (O.V. 2002), aber auch diese Prognose dürfte nach den jüngsten Zahlen nicht zu halten sein. Wie das Statistische Bundesamt mitteilte, liegt der Umsatztrend für die ersten vier Monate des Jahres 2002 bei nominal -1,6% und real bei -3,0% (LANGENSDORF DIENST 2002).
Gleichzeitig erhöht sich die Verkaufsfläche in Gewerbegebieten und Einkaufszentren am Stadtrand, ein Verdrängungswettbewerb zwischen dem Einzelhandel in den zentralen Innenstädten und der "grünen Wiese" findet statt. Ein weiterer Wettbewerb entsteht durch den Bau von sogenannten "Shopping Malls" - zum Teil auch nach der ein solches Center betreibenden Managementfirma als ECE-Center bezeichnet - in innenstädtischen Randlagen mit meist deutlich mehr als 10.000 qm Verkaufsfläche und der Errichtung von Factory-Outlet-Centern (FOC) an i.d.R. nicht integrierten Standorten.

In den letzten Jahren hat zusätzlich das Internet als Kommunikationsmedium rasant an Bedeutung gewonnen (vgl. Kapitel 2). Neben dem Versenden und Empfangen von Emails, sogenannten elektronischen Briefen, und dem Abrufen bzw. Lesen von Nachrichten, welche derzeit den Großteil der Internetnutzung darstellen (vgl. GFK 2000a, 14; GFK 2001a, 26), gewinnt der elektronische Handel sowohl zwischen Firmen als auch direkt mit dem Endverbraucher zunehmend an Bedeutung. Online-Shopping kann daher als direkter Konkurrent des traditionellen Einzelhandels, als Konkurrent der Innenstädte gesehen werden, da Kaufkraftabflüsse aus diesem Bereich zu erwarten sind.

In dem hier vorliegenden Oberseminarreferat möchte ich allgemein der Fragestellung nachgehen, wie sich der Bereich des Online-Shopping (OS) - was unter diesem Begriff zu verstehen ist wird in Kapitel 3 erläutert - auf den innerstädtischen Einzelhandel auswirkt. Dazu werde ich zunächst erst einmal die Möglichkeiten und Potentiale des elektronischen Handels - wobei ich mich auf den Handel mit dem Endverbraucher (Business to Consumer) in Deutschland beschränken möchte - aufzeigen und näher auf dessen Bedeutung eingehen (Kapitel 4). Im zweiten Teil der Arbeit werde ich mich dann mit den möglichen Auswirkungen auf den stationären innerstädtischen Einzelhandel beschäftigen (Kapitel 5).
Zunächst möchte ich jedoch kurz die wachsende Bedeutung des Internet als Kommunikationsmedium skizzieren (Kapitel 2).

2. Die Bedeutung des Internets als Kommunikationsmedium

Wie bereits mehrfach erwähnt, besitzt das Internet eine weiter stark zunehmende Bedeutung als Kommunikations- und Informationsmedium. Was aber ist unter dem Begriff Internet zu verstehen?

Das Internet wurde 1969 von einer Abteilung des US-Verteidigungsministeriums entwickelt und diente der Vernetzung der an der US-Rüstungspolitik beteiligten Akteure. Im Jahre 1989 wurde eher zufällig am Kernforschungszentrum CERN in Genf das World Wide Web (WWW) erfunden und dieses wenig später von Computerprogrammierern weiterentwickelt. 1992 erfolgte dann durch die amerikanische National Computer Security Association die Freigabe des WWW für alle Internet-Nutzer. Seit diesem Zeitpunkt wuchs das Internet explosionsartig; durch die Entwicklung von sogenannter Browser-Software wie zunächst Mosaik und später z.B. Netscape Communicator (NC) und Microsoft Internet Explorer (IE), wurde auch für "Laien" die Nutzung des Internet ohne größere Probleme möglich (BECKER 1999, 25f.).

Auch wenn das WWW oftmals mit den Internet gleichgesetzt wird, ist lediglich ein Teil des, bzw. eine Anwendung im Internet, ein dezentral strukturiertes graphisches Informationssystem (BECKER 1999, 28). Weitere Anwendungen im Internet sind z.B. Electronic Mail, kurz Email, Internet-Telephonie, u.v.m.[1].

Der Zugang zum Internet geschieht entweder über Forschungseinrichtungen, Unternehmen (vom Arbeitsplatz aus) und Universitäten oder über einen kommerziellen Online-Dienst (OLD) bzw. Interet-Service-Provider (i.d.R. vom PC zu Hause).
Online-Dienste (OLD) sind Telekommunikations-Mehrwertdienste, die von Dienstleistungsunternehmen gegen Bezahlung geschlossen Nutzergruppen zur Verfügung gestellt werden. Die Marktführer im Bereich der Online-Dienste sind derzeit T-Online, eine Tochter der Deutschen Telekom AG und als zweiter America Online (AOL) (vgl. GFK 2000a, 16; GFK 2001a, 12).

Laut einer Studie der OECD verfügten 1999 11% der deutschen Haushalte über einen eigenen Internetanschluss und im Jahre 2000 waren es bereits 16,5% (vgl. USA 28% bzw. 46%) (OECD 2001a). Damit liegt Deutschland zwar nur im letzten Drittel der 17 untersuchten OECD-Mitgliedsstaaten, aber nach Aussagen der International Development Cooperation (IDC) ist Deutschland der größte Wachstumsmarkt (ERNST & YOUNG 2001, 86).

Grafik 1: Internet-Nutzung. Reichweitenentwicklung seit Beginn des GFK Online-Monitors

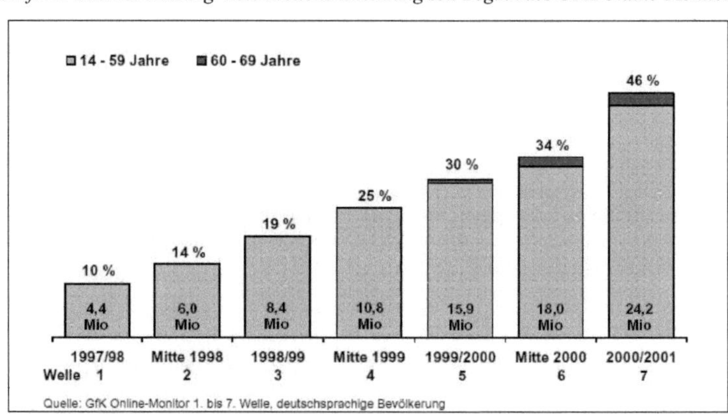

Quelle: GFK 2001a, 9

Wie den Ergebnissen der regelmäßig durchgeführten Befragung im Rahmen der Studienreihe "GFK-Onlinemonitor"[2] (Grafik 1) zu entnehmen ist, ist die Reichweite des Internet stetig an-

---

[1] Eine Erklärung der hier genannten Begriffe und der weiteren Anwendungsmöglichkeiten des Internet ist z.B. zu finden bei BECKER 1999, 25ff.

[2] Seit der 5. Befragungswelle werden mit einem Stichprobenumfang n= 8000 Personen per computergestütztem Telefoninterview danach befragt, ob sie das Internet nutzten und wenn ja wie und wofür. Ein Internet-Nutzer

gestiegen. Zum Jahreswechsel 2000/2001 nutzten bereits 46% der deutschen Bevölkerung zwischen 14 und 69 Jahre das Internet. Insbesondere in der 2. Jahreshälfte 2000 nahm die Internetnutzung rasant zu. Dabei ist die Internet-Nutzung für die jüngeren Altersgruppen fast schon Alltag geworden (GFK 2000b, 26; vgl. Grafik 5). Nach wie vor sind die Internetnutzer einkommensstark und überproportional gebildet (GFK 2000b, 20), aber eine Angleichung an die Gesamtbevölkerung findet zunehmend statt. So ist z.B. der Anteil der Frauen an den Internetnutzern von 29% Ende 1997 auf 42% Ende 2000 gestiegen (GFK 2001a, 18).

Auch Nutzungsdauer und -häufigkeit hat sich zunehmend erhöht. Am meisten wird dabei das Internet von zu Hause aus, d.h. im Privatbereich, genutzt (vgl. Grafik 2). Eine recht neue Form des Internetzugangs - hier unter "andere Orte" subsumiert - ist das Mobiltelefon, auch Handy genannt, dass v.a. die durch die geplante Einführung des neuen UMTS-Standards in der nahen Zukunft sicherlich noch erheblich an Bedeutung gewinnen dürfte (vgl. HERMANNS; SAUTER 2001, 621).

Grafik 2: Internetnutzung nach Zugangsort

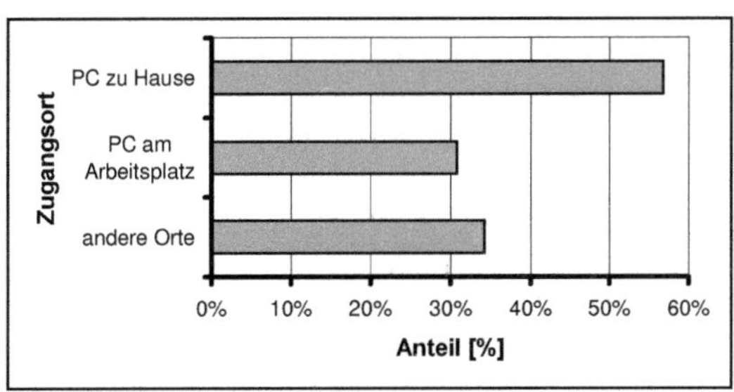

2. Quartal 2001; Quelle: Jupiter MMXI 2001a, 1

Insgesamt gesehen hat sich das Internet als Kommunikations-, Informations- und Transaktionsmedium etabliert und die sogenannte "kritische Masse" (GFK 2001a, 32) längst erreicht.

3. Was ist Online-Shopping?

Wie bereits im vorherigen Kapitel angedeutet, bietet das Internet sehr vielfältige neue Möglichkeiten der Kommunikation, der Information und der Transaktion.
Aus diesem Grunde hat sich in den letzten Jahren ein elektronischer Markt entwickelt, für den eine einheitliche Definition aber (noch) nicht existiert. Bei HEIL (1999, 24) findet sich folgende Definition (zitiert in BECKER 1999, 19): "Elektronische Märkte sind ... mit Hilfe dieser ... Form von Telematik realisierte Marktmechanismen. In ihnen sind die Angebote und Nachfragen als ortlose Informationsobjekte für eine räumlich verteilte Käufer- und Verkäuferschicht simultan verfügbar." Dabei werden einzelne oder auch alle Phasen der Transaktion (Information, Vereinbarung eines Kaufs, Abwicklung) unterstützt (BECKER 1999, 19).

---

wird dabei als Person definiert, der über einen eigenen Zugang zum Internet verfügt und diesen mindestens gelegentlich nutzt.

Ein Teilbereich des elektronischen Marktes ist Online-Shopping (OS), wobei hierfür oftmals auch der Begriff E-Commerce (EC) synonym verwendet wird. Nach einer Definition der O-ECD (2001a) ist EC "eine elektronische Transaktion [im engeren Sinne eine Internettransaktion, CM] zum Kauf oder Verkauf von Waren und Dienstleistungen zwischen Unternehmen, Haushalten, Individuen, Regierungen und anderen öffentlichen oder privaten Organisationen, abgeschlossen über computergestützte Netzwerke. Die Waren und Dienstleistungen werden über solche Netzwerke bestellt, die Zahlung und die Auslieferung erfolgt entweder on- oder offline." (OECD 2001a) Online meint dabei den "Zustand das zwischen zwei Rechnern über ein Übertragungsmedium eine Verbindung besteht, über die Daten übertragen werden können" (BECKER 1999, 17), während unter offline i.d.R. der physische, nicht-elektronische (Übertragungs-)Weg verstanden wird.

Grundsätzlich muß man im OS nach Online-Transaktionen zwischen Unternehmen (business to business (b2b)) und Verkäufen an Endverbraucher (business to consumer (b2c)) unterscheiden. Im folgenden werde ich nur auf letztere, auf den Bereich b2c eingehen.

Insgesamt hat sich OS zu einer neuen Handelsform entwickelt (vgl. Kapitel 4). Dabei lassen sich in diesem Sektor verschiedene Betriebstypen unterscheiden: Click & Mortar, Brick & Mortar und Pure E-retailers (GFK 2001 e).

Click & Mortar bezeichnet Websites die direkt von einem OS-Anbieter abhängen, der meist unter dem selben Namen ebenfalls ein stationäres Ladengeschäft betreibt, in dem die angebotenen Waren ausgestellt sind und dort auch vom Kunden direkt erworben werden können (z.B. Ferber'sche Universitätsbuchhandlung und www.ferber.de).

Als *Brick & Mortar* werden solche OS-Angebote im Internet bezeichnet, die von Versandhäusern betrieben werden. Als Versandhäuser werden solche Unternehmen bezeichnet, die einen Katalog (meist in Papierform, z.T. aber auch bereits in elektronischer Form, z.B. als CD-ROM) an ihre Kunden verteilen, in denen die angebotenen Waren abgebildet sind und aus dem diese dann bestellt werden. Größere Deutsche Versandhäuser, auch mit einem Online-Shop im Internet, sind z.B. die Unternehmen Otto, Neckermann und Quelle oder Conrad-Elektronik als ein Beispiel für den Spezialversandhandel.

Unter dem Betriebstyp *Pure E-retailers* werden solche Firmen erfaßt, die ihre Waren nur online, d.h. in einem Online-Shop, anbieten und keine physischen Methoden bzw. stationäre Geschäfte zur Präsentation und Verkauf ihrer Ware betreiben. Ein Beispiel hierfür wäre der Online-Buchshop Amazon.de (deutschsprachige Tochter) bzw. Amazon.com (globale Muttergesellschaft).

Des weiteren findet man im Bereich des OS virtuelle Warenhäuser, Online-Malls und Online-Auktionen (vgl. BECKER 1999, 39ff.).

Bei einem virtuellen Warenhaus - welches oftmals fälschlicherweise mit einem Online-Shop gleichgesetzt wird - gibt es Anlehnungen an den stationären Einzelhandelsbetriebstyp Warenhaus. Hier wird im Gegensatz zum klassischen Online-Shop eine branchenübergreifende Produktpalette elektronisch angeboten. Unter Internetadresse (URL) http://www.my-world.de findet man z.B. den "Onlineauftritt", das elektronische Warenhaus der Firma Karstadt.

Online-Malls sind das virtuelle oder elektronische Pendant von Shopping-Centern und vereinen zahlreiche Einzelhandels- oder Dienstleistungsbetriebe "unter einem Dach", d.h. verlinken[3] diese auf einer gemeinsamen Internetadresse (URL) (z.B. http://www.shopping24.de).

Online-Auktionen sind virtuelle bzw. elektronische Auktionen, wobei hier meist Neu- und Gebrauchtwaren von privat an privat versteigert werden und somit nicht dem eigentlichen OS

---

[3] Wenn auf der Startseite der Online-Mall das abgebildete Logo des gewünschten Unternehmens anklickt, wird man automatisch zum entsprechenden Online-Shop des Unternehmens weitergeleitet.

zugerechnet werden können. Bekannteste Internet-Auktionshäuser sind u.a. der US-Anbieter E-Bay oder die deutsche Firma Ricardo.

In den nächsten Jahren dürfte sich aber der Bereich des elektronischen Handels im allgemeinen und auch des OS im besonderen radikal verändern. Laut der BBE Unternehmensberatung GmbH (2000a, 6) werden "Telefon, TV, PC, Spielekonsole (z.B. Playstation) zu einem einzigen Gerät, dem "alleskönnenden" Telecomputer (TC) zusammenwachsen. Damit würde das Wohnzimmer als möglicher Standort eines solchen TC zur Basis der künftigen Multimediamärkte."

4. Online-Shopping als eine Handelsform

"Zahlreiche Studien prophezeien einen Boom für Handel mit Waren und Dienstleistungen im weltweiten Datennetz. Noch halten sich allerdings deutsche Unternehmen zurück", so die BBE Unternehmensberatung GmbH in ihrer Studie Megatrends III (BBE 2000b, 14). Aber bereits jetzt läßt sich allerdings eine äußerst dynamische Entwicklung des OS-Sektors, feststellen.
Zunächst möchte ich daher die aktuelle Entwicklung des OS, d.h. dessen wachsende Bedeutung darstellen (Kapitel 4.1). Dabei werde ich auf die erzielte Reichweite, die Struktur der Nutzer von OS-Angeboten, sowie die erzielten Umsätze eingehen. In Kapitel 4.2 werde ich dann näher die Vor- und Nachteile des OS erläutern..

4.1 Die Wachsende Bedeutung des Online-Shopping

Die ersten nennenswerten OS-Aktivitäten in Deutschland starteten 1996. Damals bewegten sich die Umsätze noch im völlig unbedeutenden Bereich und wurden nahezu ausschließlich von reinen Internethändlern, den Pure E-Retailers, erzielt. Seitdem stieg das Angebot an Online-Shops und die Zahl der Nutzer dieser neuen Möglichkeit des Einkaufens bis heute rasant an.

Grafik 3: Entwicklung der Zahl der Online-Käufer

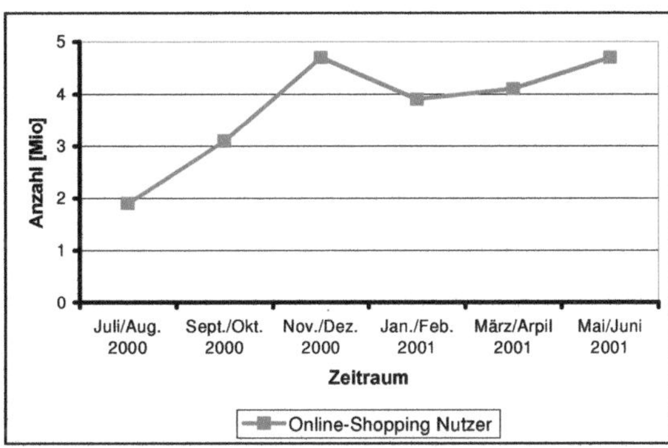

Quelle: GfK-Web*Scope, eigene Berechnungen

Mitte 2000 tätigten bereits 1,9 Mio. Menschen Einkäufe via Online-Shopping und ihre Zahl erhöhte sich bis Mitte 2001 auf 4,7 Mio. Personen und damit um 247% (vgl. Grafik 3; JUPI-TER MMXI 2001b, 3). Gleichzeitig stieg die durchschnittliche Nutzungsdauer von OS Angeboten kontinuierlich und lag im November 2000 bei bereits 33,5 Min./Monat (JUPITER MMXI; MMXI EUROPE 2001b, 1; vgl. auch JUPITER MMXI; MMXI EUOPE 2001a, 1). Auch der Anteil der Erstnutzer von OS vergrößerte sich von rund 25% im November/Dezember 2000 auf knapp 50% im 1. Halbjahr 2001 (GFK 2001c).
Der Umsatz der mit Online-Shopping erzielt wird, erreichte in den letzten Jahren dreistellige Zuwachsraten (HDE 2001) und wird nach Schätzungen des HDE im Jahr 2002 bei 8,5 Mrd. € (das sind 1,6% des gesamten Einzelhandelsumsatzes liegen) (Grafik 4) liegen.

Grafik 4: Entwicklung und Prognose des Umsatzes im Online-Handel (b2c)

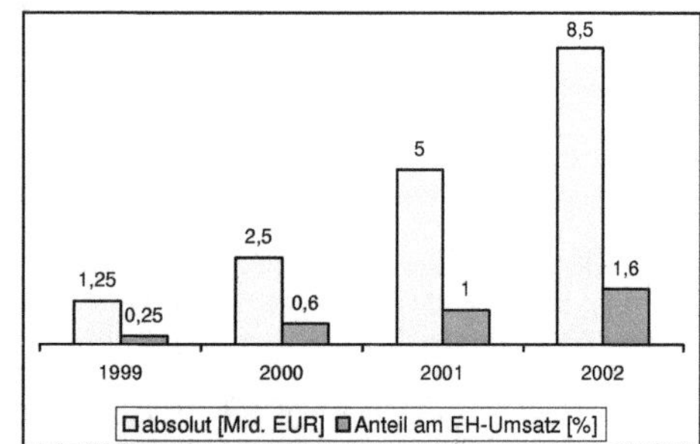

Quelle: HDE 2001; 2001 und 2002 = Prognose

Anlog zum allgemeinen Trend im Bereich der "Neuen Märkte" hat sich jedoch das Wachstum des OS-Sektors im Jahre 2001 deutlich verlangsamt; dreistellige Wachstumsraten werden in der Zukunft wohl nicht mehr erreicht werden. Dennoch, so das Ergebnis der HDE-Umfrage eCommerce 2001 (HDE 2001), wird der Bereich des OS auch in Zukunft weiter konstant wachsen und an Bedeutung gewinnen.

Grafik 5: Vergleich der Internet-User und der Nutzer von Online-Shopping mit der Gesamt bevölkerung nach Altersklassen

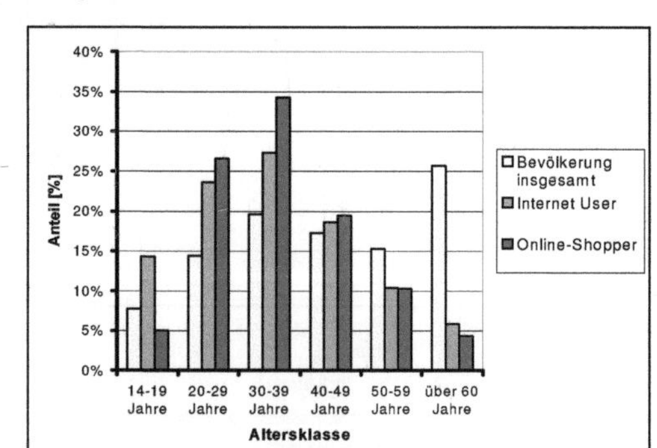

Quelle: GfK 2001c, 9; 10.000 Internet-Nutzer ab 14 Jahren

Untersucht man nun die Nutzer von Online-Shopping nach Altersklassen (Grafik 5) und Geschlecht, so lässt sich eindeutig feststellen, dass vor allem die 20-39-jährigen besonders stark vertreten sind, während gerade die über 60-jährigen das Internet und seine Möglichkeiten nur zu einem deutlich unterdurchschnittlichen Anteil gemessen an der Gesamtbevölkerung nutzen. Der Durchschnittsnutzer von OS ist 32 Jahre alt (ERNST & YOUNG 2001, 5). Tendenziell ist jedoch eine schrittweise Angleichung der Nutzerschaft an die Gesamtbevölkerung festzustellen. Gerade die jüngere Bevölkerung wächst mit diesen Möglichkeiten auf und wird diese zukünftig als Teil der Einkaufsnormalität betrachten.

Hinsichtlich der Geschlechterverteilung läßt sich sagen, dass im 1. Halbjahr 2001 nach wie vor knapp 60% der Online-Shopper männlich waren (GFK 2001c, 8).
Zudem wird sind die Nutzer von OS-Angeboten überproportional häufig in Haushalten mit einem höheren oder sehr hohen Einkommen anzutreffen (GFK 2001c, 9).

Die überwiegende Nutzung des Internet vom PC zu Hause (vgl. Grafik 2) kann ebenfalls als günstig für OS angesehen werden, da Einkaufen i.d.R. als eine Freizeitbeschäftigung anzusehen ist.

Auffällig bei der näheren Betrachtung des OS-Sektors ist, dass die Deutschen jeweils nur auf wenigen Webseiten online einkaufen (ERNST & YOUNG 2001, 91), was aber vermutlich mit der noch geringen Gesamtreichweite zusammenhängen dürfte. So nutzen nach Einschätzung der International Data Cooperation (IDC) nur rund 7,4% der deutschen Haushalte OS (ERNST & Young 2001, 89). Von der geringen Diversifikation der benutzten Webseiten profitieren v.a. die großen und bekannten Offline-Marken, wie z.B. die Versandhäuser Quelle, Otto und Neckermann, die Einzelhandelsketten wie Karstadt und Tchibo und nur wenige "pure E-tailers" (vgl. Tabelle 1); die Marktposition der "Offline-Firmen" im OS-Sektor steigt (HDE 2001; JUPITER MMXI; MMXI EUROPE 2001a, 2). Sie belegten Ende 2000 bereits 6 von 10 Platzen in der Top 10 Liste (vgl. Tabelle 1). Aufgrund der Tatsache, dass sich allein die drei größten Deutschen Versandhäuser unter den Top 5 befinden, läßt sich die Frage stellen, ob OS nicht eher die Versandhausfirmen denn den stationären Einzelhandel substituiert.

Tabelle 1: Top 10 der meistbesuchten Online-Shops

Platz	Anbieter/Online-Shop
1	Amazon.de
2	Otto
3	KarstadtQuelle
4	Ebay
5	Neckermann Versand
6	Tchibo.de
7	Conrad.com
8	bol.de
9	Weltbild Verlag
10	Letsbuyit.com

Quelle: GFK AG 2001c; Stand Nov./Dez. 2000

Der Marktführer im OS, Amazon.de, besitzt eine Reichweite von über 30% (ERNST & YOUNG 2001, 91; JUPITER MMXI 2002) und damit einen großen Abstand zu seinen Konkurrenten. Interessant bei der Betrachtung von Tabelle 1 ist, dass sich unter den TOP 10 mit Amazon.de, bol.de (Bertelsmann Online) und dem Weltbild Verlag insgesamt drei Online-Buchshops befinden. Der Grund hierfür ist, dass die Ware Buch sich sehr einfach im Internet

präsentieren und verkaufen läßt. Dem Kunden genügt es i.d.R., wenn er den Titel des Werkes und ggf. eine knappe Inhaltszusammenfassung oder Rezension dazu im Internet findet.
Das Buch ist insgesamt die am häufigsten online bestellte Ware (GFK 2001f, vgl. Grafiken 6 und 7; GFK 2001b, 13); laut einer Studie der OECD (2001a) bestellten im Dezember 2000 bereits 13,5 von 100 Deutschen Bücher per Internet.
Auf den weiteren Plätzen folgen mit ebenfalls noch beachtlichen Absatzwerten die Sortimentsbereiche Hard- und Software sowie Musik (vgl. Grafiken 6 und 7 sowie ERNST & YOUNG 2001, 7). Auch bei diesen Produkten, die in hohem Maße als standardisiert gelten, ist in der Regel eine gute Präsentation Online und somit ein ausreichendes Informationsangebot für den Kunden möglich. Bekleidung und Schuhe nehmen Platz 6 bzw. 5 in der Rangfolge ein, was damit zusammenhängen dürfte, dass der Kunde die Ware sehen und fühlen möchte, um sich nach einer eventuellen Anprobe für oder gegen einen Kauf zu entscheiden. Am Ende der Skala rangieren Lebensmittel, bei denen ein Kauf über das Internet u.a. aufgrund ihrer zum Teil sehr hohen Verderblichkeit von den Verbrauchern als eher nicht möglich erachtet wird.

Grafik 6: "Haben sie in den letzten 12 Monaten eines der folgenden Produkte online bestellt?"[4]

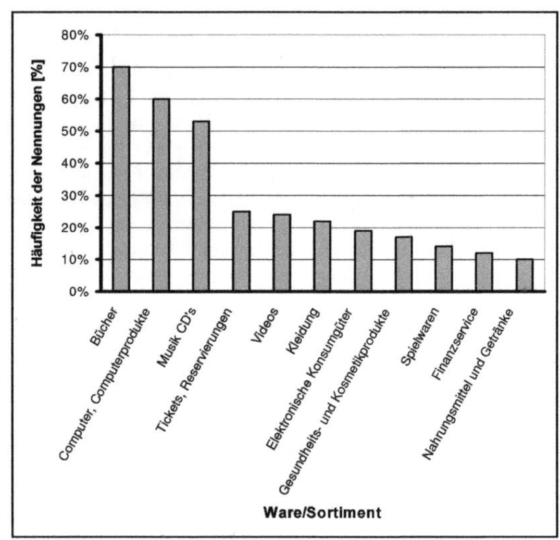

Quelle: ERNST & YOUNG 2001, 91

---

[4] Im Rahmen der Studie Global Online Retailing wurden zu Beginn des Jahres Jahre 2001 von dem Management und IT Consulting Unternehmen Cap Gemini Ernst & Young online und per Telefon Verbraucherinterviews in insgesamt 12 Staaten durchgeführt. Zusätzlich wurden noch 74 Telefoninterviews mit Firmenmanagern und zahlreiche Gespräche mit Analyse- und Consultingexperten durchgeführt. Hier sind die Ergebnisse speziell für Deutschland dargestellt.

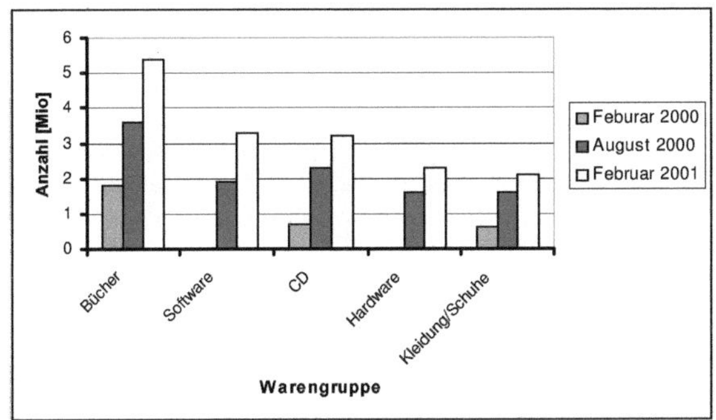

Quelle: eigene Bearbeitung nach GFK 2000a, 2000b, 2001a; zur Befragungsmethode siehe Fußnote 2

Grafik 8 zeigt die prozentuale Verteilung von OS Umsätzen nach verschiedenen Produktgruppen.

Grafik 8: Umsatzbedeutung nach Produktgruppen Januar bis Juni 2001[5]

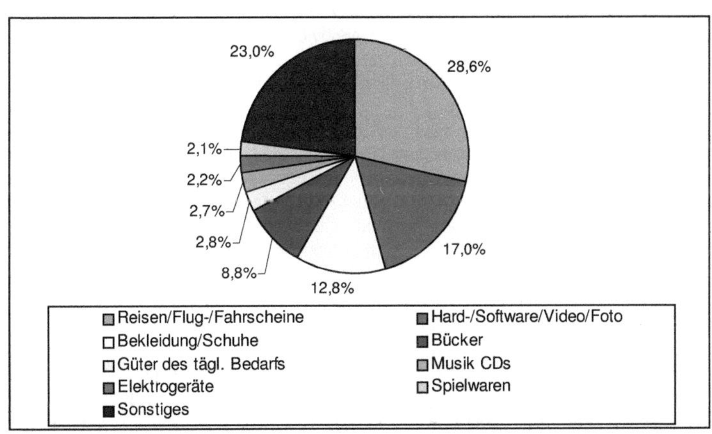

Quelle: GFK 2001c, 10.000 Internet-Nutzer ab 14 Jahren; Basis: Umsatzverteilung in %

Insgesamt geben die deutschen OS im Durchschnitt bei 12 Einkäufen jährlich (ERNST & YOUNG 2001, 6) umgerechnet rund 785 € aus, wobei insbesondere die Ausgaben in den Bereichen Nahrungs- und Genußmittel, Spielzeuge und Elektronik in nächster Zeit besonders stark ansteigen werden (ERNST & YOUNG 2001, 90). Nach Schätzungen des HDE lag der Anteil des OS-Umsatzes im Jahre 2000 im "Lebensmitteleinzelhandel bei unter 0,15%, im

---

[5] Zu beachten ist, dass die relativ hohen Anteile am Umsatz bei einzelnen Warengruppen im Vergleich zu anderen sich neben der unterschiedlichen Häufigkeit der Nachfrage im Rahmen von OS in erster Linie durch das unterschiedliche Preisniveau der Produkte zu erklären. So sind z.B. Urlaubsreisen und Hardwarekomponenten deutlich teuer als ein Buch oder eine Musik-CD.

Bekleidungshandel bei unter 0,5% und im Handel mit Consumer-Electronics bei unter 1%. Selbst in den e-Commerce affinen Warengruppen wurden nur selten Anteile von über 2% am Gesamtumsatz erzielt" (HDE 2001).

Zusammenfassend läßt sich feststellen, dass der Anteil des OS am Einzelhandelsumsatz noch relative gering ist, auch wenn er im Jahre 2000 bereits 0,5% betrug[6] und nach Prognosen des HDE auf das Dreifache bis 2002 ansteigen soll (HDE 2001; vgl. Grafik 4). Der Anteil am Einzelhandel im engeren Sinne, d.h. ohne die Breiche KFZ und Kraftstoffe sowie Apotheken, dürfte allerdings noch etwas geringer sein. Zudem ist ein klarer Trend zugunsten der Brick & Mortar sowie Click & Mortar Firmen festzustellen, während die pure e-retailers zunehmend Probleme bekommen (vgl. ERNST & YOUNG 2001, 1; HDE 2001; JUPITER MMXI; MMXI EUROPE 2001a, 2). Mittlerweile bieten rund 25% der Einzelhändler ihren Kunden Waren und Dienstleistungen via Internet an (HDE 2001; vgl. GFK 2002). Eine Ursache für die Verschiebung der Marktanteile zuungunsten der nur online vertretenden Anbieter dürfte sein, dass viele von noch nicht noch nicht gewinnbringend arbeiten; lediglich knapp ein Viertel aller im Bereich des OS vertretenen Unternehmen erzielte bereits eine positive Rendite (vgl. Grafik 10; HDE 2001).

4.2 Vor- und Nachteile des Online-Shopping

Online-Shopping bietet sowohl dem Händler als auch dem Kunden deutliche Vorteile.
Der Einzelhändler kann Kosten einsparen, da er in einem virtuellen Shop i.d.R. ein deutlich breiteres und tieferes Sortiment wesentlich kostengünstiger anbieten kann, als dies in einem in der Fläche begrenzten physischen Ladenlokal möglich ist. Allerdings erfordert der Aufbau eines Online-Shop die meist zeitintensive Erstellung von Datenbanken, sowie deren ständige Aktualisierung (BECKER 1999, 48).
Für den Betrieb eines Online-Shop muss zudem ein entsprechendes Logistiksystem geschaffen werden, durch das die Waren auf dem schnellsten Wege zum Kunden transportiert werden. Dies dürfte bei unzerbrechlichen und nicht sperrigen Waren noch recht leicht und kostengünstig möglich sein, während sperrige oder leicht verderbliche Waren einen deutlich höheren logistischen Aufwand erfordern. Besonders im Vorteil beim OS sind jedoch digitalisierbare Waren, wie Software und CDs, die direkt online an den Kunden ausgeliefert werden können bzw. könnten.
Gerade die schnellere Auslieferung der Waren wird von vielen OS-Nutzern als wichtigen Vorteil, der im OS gegeben sein sollte, betrachtet (ERNST & YOUNG 2001, 92)

Ein weiterer Vorteil für den Händler ist, dass er durch den Online-Shop eine gewisse Standortunabhängigkeit erlangt, da er theoretisch keine Verkaufsfilialen wie im stationären Einzelhandel benötigt. Auch kann der Händler sein geographisches Einzugsgebiet und damit sein mögliches Kundenpotential relativ leicht erweitern (PAGÈ; EHRING 2001, 127). Nachteilig in diesem Punkt wirkt sich jedoch aus, dass er nicht von der in der Innenstadt vorhanden Laufkundschaft profitiert und sein Online-Shop über einen gewissen Bekanntheitsgrad verfügen muß, ehe er entsprechende, d.h. rentable Umsätze erzielen kann. Es bedarf daher eines nicht unerheblichen Aufwandes an Marketing und Promotion seines Online-Shop, sowohl im Internet als auch in gewissen Rahmen offline, um den notwendigen Bekanntheitsgrad zu erzielen. Mit zunehmend längerer Nutzungszeit von OS Angeboten, d.h. einer längeren Verweildauer eines Kunden auf der Website eines Online-Shop, ergibt sich für den Anbieter hingegen die Möglichkeit, das Warenangebot und sich als Unternehmen besser präsentieren zu

---

[6] Die OECD ermittelte für das Jahr 2000 lediglich einen Umsatzanteil von 0,3% (vgl. OECD 2001b).

können (JUPITER MMXI; MMXI EUROPE 2001a). Nach wie vor bestehen aber gewisse Berührungs- und Sicherheitsängste seitens der Kunden. Mehr als ein Drittel gibt an, dass sie kein Vertrauen in den Online-Händler haben (ERNST & YOUNG 2001, 89), was dazu führt, dass die OS-Betreiber mit dem höchsten Bekanntheitsgrad, welche oftmals als sehr seriös angesehen werden, Vorteile besitzen (ERNST & YOUNG 2001, 87; vgl. GFK 2001f).

Einer der größten Nachteile des OS ist jedoch, dass der persönliche face-to-face-Kontakt des Händlers mit dem Kunden nicht gegeben ist (vgl. Tabelle 2). Daher ist es wichtig, eine möglichst individuelle Ansprache des jeweiligen Kunden, aufgrund einer exakten, relativ einfach durchzuführenden Analyse des Kundenkreises und dessen Wünschen seitens des Online-Shop Betreibers, zu bieten. (vgl. BECCKER 1999, 50; ERNST & YOUNG 2001, 3; JUPITER MMXI; MMXI EUROPE 2001a, 2).

Für den Kunden ergibt sich der zentrale Vorteil, dass er rund um die Uhr und damit unabhängig von jeglichen Ladenöffnungszeiten von nahezu jedem Ort an dem er über einen Online-Zugang verfügt[7] seine Einkäufe tätigen kann und dazu nicht erst zu einem stationären Geschäft fahren muss. Auch kann er schneller Preise vergleichen und Produkte erwerben, die nicht in geographischer Nähe zu seinem Wohn- oder Arbeitsort angeboten werden. Insgesamt ist ein stressfreierer Einkauf möglich. Zudem ist normalerweise eine völlige Anonymität des Kunden gegeben, die z.B. beim Kauf von Erotikprodukten als klarer Vorteil angesehen wird (BECKER 1999, 51).

Grundsätzlich bietet der OS Vorteile für Konsumenten in den peripheren, ländlich geprägten Räumen, indem die Einkaufsmöglichkeiten eher gering sind und somit längere Anfahrtswege zum stationären Einzelhandelsgeschäft nötig wären. OS könnte aber auch in Ballungszentren, wo das Erreichen der Geschäftszentren nur über verstopfte Straßen oder durch die Benutzung eines nicht adäquat ausgebauten ÖPNV möglich ist, von Vorteil sein.

Trotz der genannten Vorteile sieht der Kunde zahlreiche Nachteile des OS, die sich jedoch auch in Zukunft nicht oder nicht völlig abbauen lassen (vgl. Tabelle 2). Ein nach wie vor entscheidendes Hindernis für die weitere Expansion des OS ist die Bezahlung der online bestellen Waren. Zahlreiche Händler präferieren mittlerweile den Modus der Abrechnung über die Kreditkarte des Kunden, wofür dieser seine Kartennummer in ein vorgesehenes Feld eingeben müßte. Aufgrund der teilweise berechtigten Angst vor fehlender Datensicherheit (vgl. URBAN 2000, 9) lehnt der Kunde, sofern er denn bereits überhaupt eine Kreditkarte besitzt, diese Art der Bezahlung ab und schreckt somit vor einem Kauf zurück (vgl. auch BECKER 1999, 52f.).

Tabelle 2: Was Kunden am Online-Shopping stört

Hindernisse des Online-Shopping	Nennungen [%]
Persönliche Ansprache nicht gegeben	46%
Zu hohe Transportkosten	42%
Produkt ist zu teuer	38%
Ware ist leicht verderblich	33%
Kunde möchte Ware vor dem Kauf sehen und fühlen können	22%

Quelle: Ernst & Young 2001, 92

---

[7] Einigen Fällen dürfte die Nutzung des Internet für private Zwecke wie OS am Arbeitsplatz nicht oder nur in sehr begrenztem Maße möglich sein.

Neben den genannten Nachteilen bietet das OS normalerweise nicht die Möglichkeit des Erlebniseinkaufs, soziale Interaktionen, wie z.B. das persönliche Gespräch mit dem Verkäufer oder anderen Kunden, finden nicht statt (vgl. BECKER 1999, 51).

Kundenwünsche der OS-Nutzer sind dementsprechend, neben der bereits erwähnten schnelleren Warenauslieferung, das Vorhandensein von mehr Produktinformationen im Internet und die volle Garantie der Privatsphäre. Als entscheidende Vorteile von OS erhoffen sich die Kunden einen insgesamt schnelleren Einkaufsprozeß und niedrigere Preise im Vergleich zum stationären Einzelhandel (ERNST & YOUNG 2001, 92), wobei letzteres meist jedoch nicht vorgefunden wird (ERNST & YOUNG 2001, 2).

Was den Betreiber eines Online-Shops anbelangt, so muß er, um erfolgreich zu sein, sich extrem schnell den auftretenden veränderten technischen und sonstigen Voraussetzungen sowie den individuellen Wünschen der Kunden anpassen. Nach Ansicht der Studie Global Online Retailing verspricht daher eine Multi-Channel-Strategie (MCS) den besten Erfolg[8]. So sollten Unternehmen über diverse Präsentations- und Verkaufswege ihrer Waren verfügen, d.h. diese sowohl off- als auch online anbieten. (ERNST & YOUNG 2001, 3) Zunehmend würde dies jedoch von den Unternehmen erkannt und OS nicht mehr nur als eine Möglichkeit, sondern als eine Notwendigkeit betrachtet, so die Ergebnisse der Studie Global Online Retailing (ERNST & YOUNG 2001, 1; vgl. HDE 2001), wobei letzteres aber m.E. nur für die "großen" Einzelhandelsketten und Versandhäuser und nur in sehr geringen Maße für den "kleinen" Einzelhändler und den Mittelstand zutrifft.

Weitere Hindernisse für die Entwicklung des OS, auf die ich hier aus verschiedenen Gründen nicht näher eingehen möchte, sind, die Übertragungsgeschwindigkeit von Daten, Informationen und digitalisierten Waren zwischen dem Händler und dem Kunden, die Nutzungsgebühren für den Internetzugang, die oftmals nicht ausreichende Datensicherheit und der mangelnde Schutz der Privatsphäre[9] und bei Bestellungen im Ausland ggf. anfallende Steuern und Zölle[10].

5. Die Auswirkungen des Online-Shopping auf den stationären innerstädtischen Einzelhandel

Die Situation des Einzelhandels in Deutschland ist seit Jahren von sinkender Kaufkraft der Konsumenten und immer geringer werdenden Gewinnspannen des einzelnen Einzelhändlers geprägt (GIESE 1999, 34, 45). Insgesamt sind nur geringe nominale Kaufkraftzuwächse (vgl. Tabelle 10) zu verzeichnen gewesen und im Jahre 2002 sieht die Prognose nicht unbedingt besser aus (vgl. Kapitel 1; LANGENSDORF 2002; O.V. 2002). Was den Einzelhandel im engeren Sinne anbelangt, so sieht die Situation noch wesentlich schlechter aus. Nach Angaben

---

[8] Ein Beispiel für ein Unternehmen mit einer Multi-Channel-Strategie ist die KarstadtQuelle AG, die neben der Warenhauskette Karstadt (stationärer, innenstädtischer Einzelhandel), den Versandunternehmen Quelle und Neckermann auch entsprechende Online-Auftritte, d.h. Online-Shops (z.B. das Online-Pendant von Karstadt unter http://www.my-world.de) betreibt (vgl. URBAN 2000, 16).
Zu diesem Ergebnis kommt auch der HDE in seiner Umfrage eCommerce 2001.
[9] Die Gefahr des "gläsernen Konsumenten" sieht auch die BBE Unternehmensberatung GmbH in ihrer Studie Megatrends II (2000a, 9). Auch URBAN (2000, 9) sieht die Sicherheit als eine entscheidende notwendige Bedingung.
[10] Eine nähere Betrachtung dieser Probleme findet sich u.a. bei BECKER 1999, 52ff. Vgl. auch HERMANNS; SAUTER 2001, 621.

des Statistischen Bundesamtes brach z.B. der Umsatz mit den als besonders innenstadtrele-
vant eingestuften Sortimenten Textilien und Hausrat (vgl. BECKER 1999, 102; BEZIRKS-
REGIERUNG KÖLN 2001) in den ersten vier Monaten des Jahres 2002 preisbereinigt um bis
zu 9% ein (LANGENSDORF DIENST 2002). Wenn sich die konjunkturellen Aussichten für
den Einzelhandel nicht wesentlich verbessern, werden lediglich Kaufkraftumverteilungen
zwischen den einzelnen Handelsformen (stationärer Einzelhandel, Versandhandel, OS) möglich sein und somit der gegenseitige Konkurrenzdruck weiter enorm zunehmen.

Grafik 9: Entwicklung des nominalen Einzelhandelsumsatzes in Deutschland

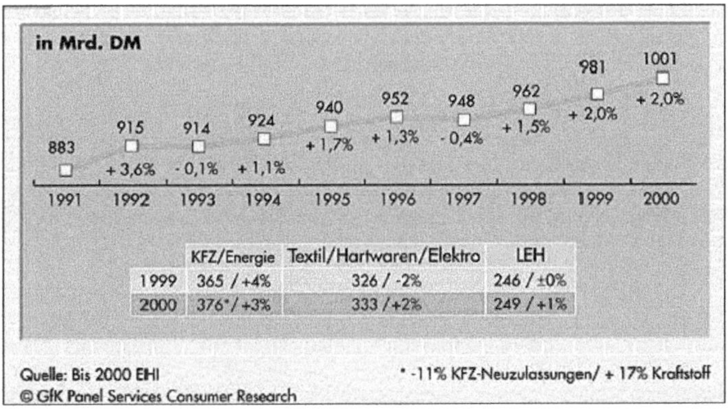

	KFZ/Energie	Textil/Hartwaren/Elektro	LEH
1999	365 / +4%	326 / -2%	246 / ±0%
2000	376* / +3%	333 / +2%	249 / +1%

Quelle: GFK 2001c

Zusätzlich besteht eine immer stärkere Konkurrenz zwischen den verschiedenen Standorten
des stationären Einzelhandels, d.h. zwischen den Einzelhändlern in den Innenstädten und den
Unternehmen auf der "grünen Wiese", sowie zwischen den verschiedenen Betriebstypen des
stationären Einzelhandels[11] (GIESE 1999, 34f.; vgl. Kapitel 1).
Zudem haben sich die Einkaufsgewohnheiten der Bevölkerung stark verändert, eine zunehmende Individualisierung der Lebensstile ist deutlich erkennbar. Einkaufen wird nicht mehr
als nur als Akt der Versorgung, sondern immer mehr als Erlebnis betrachtet (GIESE 1999,
36).

Da ich mich in dem hier vorliegenden Referat jedoch nur mit den möglichen Auswirkungen
von OS auf den vermutlich besonders betroffenen innerstädtischen Einzelhandel beschäftige,
hier zunächst eine kurze Definition, was unter diesem Begriff zu verstehen ist:
Der innerstädtischen Einzelhandel bezeichnet keinen Betriebstyp, sondern ist lediglich ein
Sammelbegriff für alle Einzelhandelstypen mit einem festen, d.h. stationären, Standort in der
Innenstadt und Verkaufsraum. Er wird daher oftmals auch als Residenzhandel bezeichnet
(vgl. BECKER 1999, 11f.). Als relevante Sortimente für den innerstädtischen Einzelhandel
gelten dabei gemäß der sogenannten "Kölner Liste" insbesondere Schuhe, Textilien, Bekleidung, Radio- und Fernsehgeräte, elektronische und nicht elektronische Haushaltsgeräte, Uh-
ren, Schmuck, Spielwaren, Sportartikel und Arzneimittel, sowie in gewissen Sinne auch Nah-
rungs- und Genußmittel, Drogerie- und Hygieneartikel (BEZIRKSREGIRUNG KÖLN 2001).

---

[11] Eine kurze Erläuterung der verschiedenen Betriebsformen des stationären Einzelhandels findet sich u.a. bei
BECKER 1999 und GIESE 1999

Grundsätzlich findet in den innerstädtischen Geschäftszentren eine zunehmende "Filialisierung" und "Textilisierung" (GIESE 1999, 34) statt, d.h. selbständige klein- und mittelständische Einzelhändler werden durch die Marktpolitik der Handelsketten verdrängt und der Anteil an Bekleidungs-, Textil- und Schuhgeschäften nimmt zu (BECKER 1999; GIESE 1999).
Auch im Bereich des OS wächst der Marktanteil der bekannten Versandhäuser wie z.B. Otto, Quelle und Neckermann und der großen stationären Einzelhandelsketten wie z.B. Tchibo und Karstadt (vgl. Kapitel 4.1). Diese, für kleinere und mit einem geringeren Bekanntheitsgrad versehenen Einzelhändler ungünstige Entwicklung dürfte m.E. die Filialisierung der deutschen Innenstädte mit zunehmender Bedeutung des OS weiter verstärken, zumal sich viele klein- und mittelständische Unternehmen die Kosten für einen wettbewerbsfähigen Online-Auftritt nicht leisten können. Nach Ansicht von HDE und GFK, wird daher das Internet von solchen Firmen primär als Instrument der Kundenbindung denn als Form der Gewinnerzielung genutzt (HDE 2001; GFK 2002; vgl. ERNST & YOUNG 2001, 92).

Die Ergebnisse der Studie von Ernst & Young aus dem Jahre 2001 zeigen, dass mehr als die Hälfte der "Besuche" in Online-Shops nicht in einem entsprechenden Online-Kauf resultiert. 28% der Befragten gaben an, dass, nachdem sie sich im Internet über die gewünschte Ware informiert hatten, sie diese anschließend im stationären Einzelhandelsgeschäft kauften, während 14% weder online noch offline einen entsprechenden Kauf tätigten. Mehr als 50% der Käufer in Online-Shops gab an, dass sie weniger in ein Ladengeschäft gehen würden. 60% der online getätigten Käufe würden normalerweise im stationären Einzelhandel erfolgen (ERNST & YOUNG 2001, 91f.; vgl. ROPPEL 2001, 607). Nach wie vor besitzen die OS-Anbieter eine geringe Kundenbindung und die überwiegende Masse der Konsumenten bevorzugt immer noch die reale Einkaufswelt (GFK 2001f; HDE 2001). Bislang erzielt nur gut ein Fünftel der OS-Anbieter Gewinne und in einigen sog. innerstädtischen Leitsortimenten, z.B. Bekleidung und Schuhe, liegt der Anteil noch deutlich unter dem Durchschnitt (vgl. Grafik 10). Was die am meisten im OS vertriebene Ware Buch anbelangt, so ist festzustellen, dass lediglich 16% der Online-Buchhändler (sowohl pure E-retailers als auch Multi-Channel-Unternehmen) Gewinne erzielen. Diese Situation dürfte sich aufgrund der Nichtabschaffung der Buchpreisbindung - ein entsprechendes dem EU-Recht konformes Gesetz ist gerade erst im Juni 2002 von Bundestag verabschiedet worden (vgl. BUNDESREGIERUNG 2002) - nicht wesentlich verbessern. Durch das Gesetz sollen u.a. die negativen Folgen des wachsenden Buchmarktes im OS abgemildert werden, da Bücher im Internet auch in Zukunft nicht günstiger als im stationären Einzelhandel angeboten werden dürfen.

Grafik 10: Anteil der Betriebe nach Branchen, die im Online-Handel (bc2) Gewinne erzielen

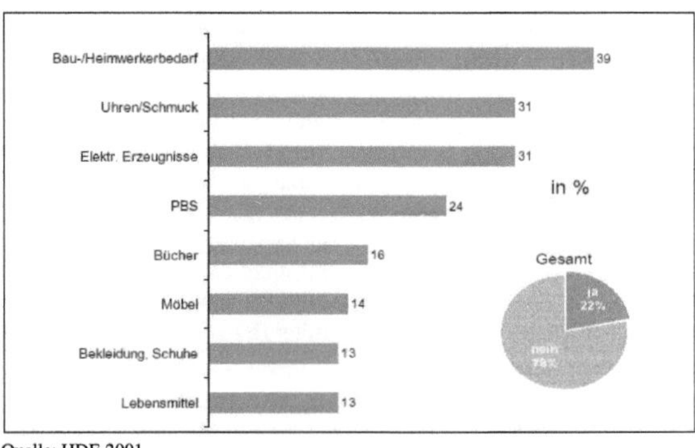

Quelle: HDE 2001

Betrachtet man die gerade genannten Ergebnisse und Faktoren, so läßt sich der Schluß ziehen, dass die Innenstadt im Gesamten nicht in besonderem Maße von den Folgen des OS betroffen ist bzw. sein wird - vielmehr dürfte der traditionelle Versandhandel "offline-Kunden" verlieren. Es ist aber zu erwarten, dass sich die Situation für den einzelnen klein- und mittelständischen, eher lokal oder regional ausgerichteten Einzelhändler durch die Onlinepräsenz der in den Innenstädten zahlreich vertretenen Filialisten weiter verschlechtern dürfte. Auch wenn nicht alle Geschäfte in der Innenstadt im gleichen Maße von OS tangiert sind, ist es trotz alledem notwendig, wie GIESE (1999) in seiner Arbeit mehrfach ausführt, dass die jeweiligen stationären Einzelhändler eines innenstädtischen Geschäftszentrums zusammenarbeiten und gemeinsam mit der Kommunalpolitik und den verantwortlichen lokalen Behörden eine offensive Strategie zur Verbesserung der Attraktivität der Innenstadt verfolgen. Neben baulichen Veränderungen und ordnungspolitischen Maßnahmen, die dazu führen, dass die Innenstadt verstärkt als urbaner Lebensraum mit zahlreichen zusätzlichen Funktionen[12] zu der bislang oftmals vorherrschenden traditionellen Funktion des Einkaufens wahrgenommen wird, sind auch sogenannte City-Marketing-Konzepte notwendig. Letztere können und müssen auch über das Internet erfolgen, indem dort virtuelle, regionale Marktplätze geschaffen werden, d.h. alle Einzelhändler einer Einkaufsstraße oder gleich einer ganzen Stadt unter einer gemeinsamen Internetadresse zu finden sind (vgl. Ausführungen zu Online-Malls in Kapitel 3). Selbst wenn der einzelne Händler keine eigene Internetseite betreibt, so könnte er doch auf dem "Online-Marktplatz", die wichtigsten und neusten Infos, z.B. über Sonderaktionen und Angebotspreise, kurz und knapp präsentieren. Zusätzlich zu den Aktionen der gesamten City sollte bzw. muß jeder stationäre Einzelhändler eigene Maßnahmen ergreifen. So kann er durch eine möglichst flexible, individuell an den Wünschen des einzelnen Kunden orientierten Strategie dazu beitragen, seinen bisherigen Kundenstamm und damit seine Kaufkraft nicht oder in erheblich geringerem Maße als andernfalls an die OS-Konkurrenz abzugeben. Notwendig sind dabei ein höherer und besserer Kundenservice, eine intensivere Beratung (vgl. URBAN 2000, 26) und eine persönliche, d.h. namentliche Ansprache im Geschäft. Es "muß der einzelne Kunde erreicht und sichergestellt werden, dass das Angebot ihn wirklich zufriedenstellt und er es annimmt" (PAGÈ; EHRING 2001, 36). Zunehmend, und durch die Möglichkeiten und Folgen des Online-Shoppings noch wesentlich verstärkt, ist entscheidend, dass für den Kunden das Einkaufen in der Innenstadt zu einem Event bzw. Erlebnis wird. Nicht unerheblich dabei ist die schnelle und bequeme Erreichbarkeit des innerstädtischen Geschäftszentrums - sowohl mit dem motorisierten Individualverkehr als auch mit dem ÖPNV (GIESE 1999, 59).

Eine weitere Gefahr, die grundsätzlich besteht, ist, dass sich die vorhandene klassische Wertschöpfungskette im Handel, d.h. die Vertrieb bzw. Verkauf einer Ware via Groß- und Zwischen- und Einzelhandel vom Produzent zum Kunden, radikal verändert, indem die Hersteller ihre Waren direkt im OS anbieten (vgl. PAGÈ; EHRING 2001, 126). Diesen Prozeß kann man Beispielhaft im gewissen Rahmen im Bereich der FOCs beobachten (vgl. GIESE 1999, 47). Bedenkt man jedoch, dass bislang nur rund 7,4% der deutschen Haushalte im Internet einkaufen und dies überwiegend auch nur bei wenigen verschiedenen Anbietern tun (ERNST & YOUNG 2001, 91) und betrachtet man die Top 10 der besuchten Online-Shops (Tabelle 1), so wird deutlich, dass diese Gefahr bislang noch nicht existent ist. Nach Einschätzung des HDE wird sie auch in naher Zukunft keine bedeutende Rolle spielen - OS werde lediglich zu einer Standardbetriebsform in Sortimentsteilbereichen entwickeln (HDE 2001). Nach Ansicht von HERMANNS und SAUTER (2001, 622) "werden sich im Umfeld des E-Commerce ... neue Geschäftsmodelle und Akteure am Markt etablieren, die sich auf bestimmte Aktivitäten der Wertschöpfungskette konzentrieren".

---

[12] Wichtige zusätzliche Funktionen für eine vitale Innenstadt sind z.B. das Vorhandensein von kulturellen Angeboten, Verweilmöglichkeiten, Cafés und Ruhezonen (vgl. GIESE 1999, 46).

Darüber hinaus kann der Effekt auftreten, dass sich das Einzugsgebiet eines stationären Einzelhändlers, je nachdem wie stark er seine Strategie auf den Bereich OS ausrichtet, verringern oder vergrößern könnte, da ein Kunde mit einem längeren Anfahrtsweg ggf. dieses Ladengeschäft aufgrund der Möglichkeiten die ihnen das OS bietet nicht mehr aufsucht. Hier muss jedoch berücksichtigt werden, dass durch einen guten Service und eine gute Beratung die Auswirkungen erheblich verringert und die negativen Folgen deutlich vermindert werden können.

Was die Auswirkungen auf die einzelnen Branchen anbelangt, so ist zu sagen, dass insbesondere standardisierte Massengüter wie Musik-CDs und Videos sowie auch Bücher beim OS im Vorteil sind, während andere Produkte wie z.B. Schuhe, Artikel aus dem Bekleidungssegment und Kosmetikprodukte auch in Zukunft kaum im Internet gekauft werden dürften (vgl. Kapitel 4.1). Letztere und damit die klassischen innenstädtischen Leitsortimente sind somit wesentlich weniger durch die OS-Konkurrenz tangiert und gefährdet, da der Kunde i.d.R. diese Produkte sehen und fühlen bzw. erleben möchte. Eine exakte Quantifizierung der Auswirkungen ist jedoch zum gegebenen Zeitpunkt, u.a. durch die Tatsache, dass viele stationäre Einzelhändler mit einem Online-Shop selbst im Netz vertreten sind (vgl. u.a. BECKER 1999. 99), nicht möglich.

6. Fazit

Das Internet als eine neue Form der Kommunikation hat in den letzten Jahren rasant an Bedeutung gewonnen. Ende 2000 wurde es bereits von knapp die Hälfte der Deutschen - überwiegend von zu Hause - genutzt. Zudem hat es zahlreiche neue Chancen und Möglichkeiten, auch für den Handel und die Wirtschaft eröffnet. Eine dieser Möglichkeiten ist der elektronische Handel (EC), sowohl zwischen Unternehmen (b2b) als auch von Unternehmen mit Verbrauchern (b2c). Zwar dürfte im b2b-Bereich ein wesentlich größeres Potential als im b2c-Bereich vorhanden sein (ERNST & YOUNG 2001, 87), aber letzterer trägt mittlerweile schon rund 1% zum gesamten Einzelhandelsumsatz bei. So hat sich das Online-Shopping (OS) als eine neue Form des Einzelhandels etabliert. Diese besitzt gegenüber dem stationären Einzelhandel und dem traditionellen Versorgungskauf zahlreiche Vorteile wie z.B. die potentielle Standortunabhängigkeit des OS und die ständige Verfügbarkeit des Warenangebotes im Internet unabhängig von jeglichen Ladeöffnungszeiten sowie Wohn- und Arbeitsorten des Konsumenten. Die bislang äußerst dynamische Entwicklung des OS führte dazu, dass Mitte 2001 rund 4,6 Mio. Deutsche bzw. 7,4% der deutschen Haushalte Käufe im Internet tätigten, wobei unter ihnen überdurchschnittlich viele Jüngere (20- 39-jährige), Männer und Haushalte mit gehobenen Haushaltseinkommen gemessen an der Gesamtbevölkerung vertreten waren (vgl. GFK 2001c). Gerade erstere und letztere dürften für das OS-Segment besonders interessant, da kaufkräftig, sein. Mit zunehmender Ausbreitung von Internet und OS ist jedoch logischerweise eine immer stärkere Angleichung an den Bevölkerungsdurchschnitt festzustellen.

Neben den zahlreichen Vorteilen die OS sowohl für den Kunden als auch den Händler besitzt, sind dennoch zahlreiche Nachteile und bestehende Entwicklungshemmnisse zu konstatieren. So ist die Bezahlung der online georderten Waren und die insgesamt teilweise ungenügende Datensicherheit im globalen Netz ein entscheidendes Problem für die weitere Expansion des OS. Darüber hinaus sind nicht alle Waren für den Handel im Internet gleich gut geeignet. Standardisierte Produkte wie Bücher, CDs u.ä. lassen sich wesentlich leichter online präsentieren und werden deutlich mehr als andere Güter nachgefragt. Für den Anbieter von OS entstehen ebenfalls nicht unerhebliche Kosten, da er ein adäquates Logistiksystem zur Distribution der online bestellten Waren und aktuelle und umfangreiche Datenbanken im Internet aufbauen muß. Diese Investitionen können jedoch nicht unbedingt von jedem, insbesondere dem klein- und mittelständischen, stationären Einzelhändler aufgebracht werden, so dass hier die großen und finanzkräftigen Versand-, Warenhaus- und Filialketten, Vorteile besitzen.

Betrachtet man die Marktführer im OS, d.h. die am häufigsten besuchten Webseiten, so wird dieser Wettbewerbsvorsprung noch deutlicher; die Marken mit einem hohen Bekanntheitsgrad besitzen klare Vorteile. Zunehmend verdrängen sie auch die reinen Online-Shopping Firmen, die sogenannten "pure e-retailers", die zusammen genommen nur noch deutlich weniger als die Hälfte des Gesamtumsatzes erzielen und auch meist (noch) nicht gewinnbringend wirtschaften. Man gelangt daher zu dem Schluß, dass nur die Verfolgung einer MCS, d.h. der Entwicklung von Aktivitäten sowohl im OS-Sektor als auch im Bereich des physischen, stationären Handels, erfolgversprechend zu sein scheint. Es ist daher gut möglich, dass die Dominanz solcher Multi-Channel-Unternehmen, wie z.B. die KarstadtQuelle AG, weiter zunehmen wird. Von ihnen wir das Internet aber bislang v.a. nur als Instrument der Kundenbindung genutzt. Viele Besucher von OS-Angeboten informieren sich Internet, kaufen dann aber im stationären Einzelhandel.

Was die Auswirkungen des OS auf den stationären Einzelhandel in innerstädtischen Geschäftszentren anbelangt, so ist zu vermuten, dass sich der Trend der Filialisierung verstärkt fortsetzen dürfte. Eine entscheidende Begründung hierfür ist, dass auch in den nächsten Jahren keine realen Kaufkraftzuwächse zu erwarten sein werden und es somit lediglich zu Umverteilungen von Umsätzen zwischen den einzelnen Handelsformen und -standorten - wahrscheinlich insbesondere zu Lasten der klein- und mittelständischen, nicht im Internet vertretenden Firmen - kommen wird. Da jedoch die innenstädtischen Leitsortimente Textilien, Bekleidung und Schuhe als nicht standardisierte Produkte gelten und sich somit bislang weniger gut im OS verkaufen lassen und da in fast allen Branchen der derzeitige Umsatzanteil des OS bei um oder unter 1% liegt, dürften die negativen Auswirkungen auf die innerstädtischen Geschäftszentren insgesamt zumindest für die nächsten Jahre eher gering sein. Weil Online-Shopping grundsätzlich die Möglichkeit zu einem rationelleren und bequemeren Versorgungskauf bietet ergibt sich die Chance, dass mehr Freizeit für den sogenannten Erlebniseinkauf zu Verfügung steht. Dies könnte diese Chance des Residenzhandels sein, wenn er sich den Wünschen und Bedürfnissen des Konsumenten annimmt und das Einkaufen zum individuellen Event werden lässt. Für letzteres bedarf auch einer attraktiven, sauberen und sicheren Innenstadtgestaltung.
Zukünftig wird es in der Handelswelt vier Vertriebswege geben: Den stationären Einzelhandel, den Versandhandel, Direktverkauf durch Hersteller und den interaktiven Vertrieb durch Handel und Industrie. OS wird hierunter in Sortimentsteilbereichen zu einer Standardvertriebsform werden.

Bis 2005 bzw. 2010 werden insgesamt positive Aussichten für OS prognostiziert. Die Schätzungen des HDE, dass sich "der Anteil am gesamten Einzelhandelsvolumen in den nächsten 10 Jahren mindestens verzehnfachen" (HDE 2000) wird und der BBE Unternehmensberatung GmbH, dass "bis zum Jahr 2005 der Einzelhandel zwischen 4,5 und 7% des Umsatzes mit multimedialem Shopping verdienen wird" (BBE 2000b, 14), dürften m.E. aber als deutlich zu positiv gelten[13]. Nach dem Ende des sogenannten globalen Booms der "Neuen Märkte" werden zukünftige Prognosen wesentlich realistischer, d.h. niedriger ausfallen (HERMANNS; SAUTER 2001, 624). Dennoch bleibt OS ein Wachstumssegment innerhalb des Einzelhandels, welches aber insgesamt ein nur eher geringes Bedrohungspotential für die stationären Einzelhändler der innerständischen Geschäftszentren entwickeln dürfte.

---

[13] 1998 wurden sogar noch Steigerungen auf 18% Marktanteil des OS am EH-Umsatz für das Jahr 2010 prognostiziert (vgl. GIESE 1999, 35).

7. Literatur

BBE-Unternehmensberatung GmbH (Hrsg.) (2000a): Megatrends II. In Vertrieb, Handel und Gesellschaft. Köln.

BBE-Unternehmensberatung GMBH (Hrsg.) (2000b): Megatrend III. In Vertrieb, Handel und Gesellschaft. Die "vergessenen" Trends als Ergänzung der Megatrend-Studien I und II. Köln.

Becker, Maik (1999): Auswirkungen des Online-Shopping auf den stationären Einzelhandel und die Entwicklung innerstädtischer Geschäftszentren. Gießen (Diplomarbeit an der Professur für Wirtschaftsgeographie der Justus-Liebig-Universität Gießen).

Bezirksregierung Köln (2001): Zentren- und nahversorgungsrelevante Liste - Kölner Liste. Köln Juli 2001, Abfrage (16.06.2002): http://www.bezreg-koeln.nrw.de/Html/service/formulare/formulare.html .

Bundesregierung (2002): 20.03.2002 Entwurf für neues Buchpreisbindungsgesetz beschlossen, Abfrage (24.06.2002) http://www.bundesregierung.de/top/dokumente/Themen_A-Z/Medien/Buchpreisbindung/ix7863_73062.htm .

Ernst & Young (Hrsg.) (2001): Global Online Retailing. An Ernst & Young Special Report. 2001, Abfrage (Hrsg.) (20.06.2001): http://www.ey.com/GLOBAL/gcr.nsf/Germany/02_03_01_Global_Online_Retailing .

GFK AG Medienforschung (Hrsg.) (2000a): GFK Online-Monitor.5 Untersuchungswelle. Präsentation der zentralen Ergebnisse. Nürnberg, Abfrage (16.06.2002): http://www.gfk.de .

GFK AG Medienforschung (Hrsg.) (2000b): GFK Online-Monitor. 6. Untersuchungswelle August 2000. Nürnberg, Abfrage (16.06.2002): http://www.gfk.de .

GFK AG Medienforschung (Hrsg.) (2001a): GFK Online-Monitor. Ergebnisse der 7. Untersuchungswelle. Nürnberg; Abfrage (16.06.2002): http://www.gfk.de .

GFK AG Medienforschung (Hrsg.) (2001b): GFK-Webgauge, Abfrage (16.06.2002): http://www.gfk.de .

GFK AG Medienforschung (Hrsg.) (2001c): GFK-Web*Scope. E-Commerce Tracking mit einem Internet-Nutzer-Panel, Abfrage (16.06.2002): http://www.gfk.de .

GFK AG Medienforschung (Hrsg.) (2001d): Märkte, Handel und Verbraucher 2000/2001. Gedämpfter Optimismus nach einem Jahr voller Krisen. Nürnberg 2001, Abfrage (16.06.2002): http://www.gfk.de .

GFK AG Medienforschung (Hrsg.) (2001e): Press Release. Radical slowdown in the e-commerce sector. Abfrage (16.06.2002): http://www.gfk.de .

GFK AG Medienforschung (Hrsg.) (2001f): Wenig Kundenbindung im e-Commerce. Pressemitteilung 09.07.2001, Abfrage (16.06.2002): http://www.gfk.de .

GFK AG Medienforschung (Hrsg.) (2002): Erfolgsfaktoren im E-Commerce in Business-To-Consumer.Märkten. (Kurzinformation zu einer Studie der GFK Marktforschung), Abfrage (16.06.2002); http://www.gfk.de .

Giese, E. (1999): Bedeutungsverlust innerstädtischer Geschäftszentren in Westdeutschland. In: Berichte zur Deutschen Landeskunde. Bd. 73 Heft 1, S: 33-66.

HDE (2000): Pressemitteilung vom 27.09.2000, Abfrage (20.06.2002); www.einnzelhandel.de .

HDE (2001): HDE-Umfrage. eCommerce 2001 (b2c), Abfrage (20.06.2002): http://www.einzelhandel.de .

Heil, B. (1999): Online-Dienste, Portal-Sites und elektronische Einkaufszentren - Wettbewerbsstrategien auf elektronischen Massenmärkten. Wiesbaden.

Hermanns, E.; Sauter, M. (2001): Die Zukunft des E-Commerce - Trends und Entwicklungsperspektiven. In: Hermanns, A.; Sauter, M.: Management Handbuch Electronic Commerce. München 2001. Seiten 619-625.

Jupiter MMXI (2001a): Knapp jeder dritte Europäer kann am Arbeitsplatz ins Netz. 11.09.2001, Abfrage (16.06.2002): http://de.jupitermmxi.com/xp/de/press/releases .

Jupiter MMXI (2001b): Zwei Jahre Online-Forschung: Meilensteine des WWW. 16.10.2001, Abfrage (16.06.2002): http://de.jupitermmxi.com/xp/de/press/releases .

Jupiter MMXI (2002): Elektronischer Handel erlebt Boom im Weihnachtsgeschäft. 14.01.2002, Abfrage (16.06.2002): http://de.jupitermmxi.com/xp/de/press/releases .

Jupiter MMXI; MMXI Europe (2001a): Eine halbe Million mehr Besucher bei eTailern. Weihnachtsgeschäft spürbar- echter Boom blieb aus. 31.01.2001, Abfrage (16.06.2002): http://de.jupitermmxi.com/xp/de/press/releases .

Jupiter MMXI; MMX Europe (2001b): Länger Online. Einzelne Marktsegmente konnten ihre Online-Nutzungszeit verbessern. 03.01.2001, Abfrage (16.06.2002): http://de.jupitermmxi.com/xp/de/press/releases .

Langendorfs Dienst (2002): Wirtschafts- und Konsumklima. Einzelhandel im April schon wieder im Minis, Abfrage (20.06.2002): http://www.langendorfsdienst.de/Klima/klima.html .

OECD (Hrsg.) (2001a.): Business to consumer ecletronic commerce. An update on the statistics, Abfrage (16.06.2002): http://www.oecd.org/EN/home/0,,EN-home-29-nodirectorate-no-no--29,00.html .

OECD (2001b): Consumers in the online marketplace. OECD Workshop on the guidelines: one year later. Business-to-consumer E-Commerce statistics. Berlin 13.-14.03.2001, Abfrage (16.06.2002): http://www.oecd.org/subject/e_commerce .

O.V. (2002). Einzelhandel fordert befristete Steuersenkung. in: Der Tagesspiegel, Abfrage (20.06.2002): http://www2.tagesspiegel.de/archiv/2002/03/15/ak-wi-5513018.html .

Page, P.; Ehring, T. (2001): Electronic Business and New Economy. Der Wandel zu den vernetzten Geschäftsprozessen meistern. Berlin/Heidelberg.

Roppel, S. (2001): Erfolgsmodelle im Internetbuchhandel - das Beispiel Amazon.de. In: Hermanns, A.; Sauter, M.: Management Handbuch Electronic Commerce. München 2001. Seiten 601-607.

Urban, W. (2000): Kommunikation als Chance für den Handel und die Kunden. Vortag vor dem Wirtschaftsclub Rhein-Main e.V. 22. Mai 2000, Abfrage (20.06.2002): http://www.karstadtquelle.com/download/wirtschaftsclub_220500_2.pdf .